水、我们、世界

〔日〕加古里子 著　〔日〕铃木守 绘　刘 洋 译

北京科学技术出版社

早晨起床后，我们会用水洗脸，
会用水漱口，还会喝水。
水到底是怎样一种东西呢？

水可以装在杯子和碗里，

也可以自由地流动、自由地改变形状。

此外，水没有气味也没有颜色，是透明的。

倒到盘子里的水和洒到干燥地面上的水，过一段时间就不见了。

它们到哪里去了呢?

沾满污泥的手帕

用水洗一洗

晾起来

湿手帕变干了

倒到盘子里的水和洒到地面上的水，变成肉眼看不见的水蒸气，混入了空气中。

锅里或水壶里的水被加热后也会变成水蒸气，
水蒸气接触到冷空气后会变成小水滴，
这些小水滴聚在一起就成了我们看到的热气。

热气

水蒸气

在地上洒水后我们会觉得很凉爽，
这是因为水在变成水蒸气的过程中吸收了周围的热量。

现在知道了吧？水遇热后会变成水蒸气。

水吸收热量后会变成水蒸气，那么水遇冷后会怎样呢？

寒冷的冬天，池塘里的水会结冰；放在冰箱冷冻室里的水会变成冰块。

是的，在很冷的情况下，水会变成像石头一样坚硬的冰。

冰比水稍微轻一些，能够浮在水上——一部分在水下，一部分在水上，就像游泳的人把头露出水面一样。

池塘里结的冰能浮在池水上，冰箱里冻的冰块能浮在水或果汁上。

水在我们的生活中不停地变换形态，
有时候变成水蒸气，有时候变成坚硬的冰块。

是的，水就像忍者一样，可以从我们面前消失……

……也可以像演技高超的演员一样轻轻松松地改头换面。

可以像忍者和演员一样不停地变换模样，

这是水的第一个重要特性。

汤、茶……

我们每天都会喝大量的水。

一个人身体里水的重量，占体重的 60%~70%。

人类存活需要大量的水。

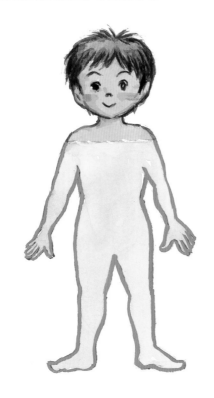 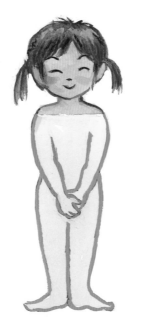 

不只是人，其他动物和所有植物为了存活，
也在体内储存了大量的水。

这些储存在动物和植物体内的水，是用来做什么的呢？

人吃了食物后，食物中的大部分营养物质会溶于水中，
再进入血液，被输送到人体需要的地方。

此外，食物中的水还会成为淋巴液的一部分被输送到身体各处，
淋巴液可以保护身体不受病菌侵害。

水不仅可以溶解和输送营养物质，

还可以溶解人体内的大部分有害物质和废物，

让它们随着汗液或尿液排出体外。

正因为水能够溶解多种物质并且具有流动性，它才能完成这些工作。

不只是人，其他动物身体内的水也会溶解食物中的营养物质，
并将它们输送到身体各处，
同时帮助身体把不需要的物质排出体外。

水就这样维持着动物的生命。

至于植物，它们用延伸到土壤里的根汲取水分和溶于水中的养分，这样它们才能生长。

看到了吧？地球上的动物和植物都要靠水维持生命。

动物和植物体内的水就像优秀的厨师，
把重要的营养物质变得容易被身体吸收。

它又像优秀的医生，帮助动物和植物预防疾病。

可以像厨师和医生一样滋养和保护地球上的生命，

这是水的第二个重要特性。

水像忍者，像演员，像厨师，像医生，
它以海洋的形式大量存在于我们所居住的地球上。

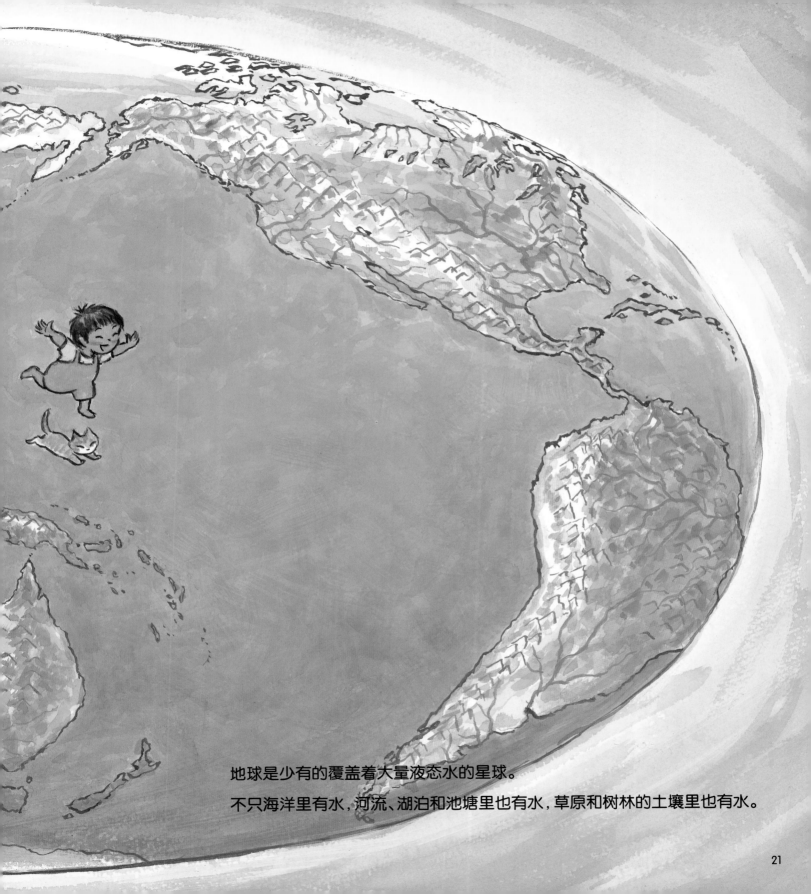

地球是少有的覆盖着大量液态水的星球。

不只海洋里有水，河流、湖泊和池塘里也有水，草原和树林的土壤里也有水。

地球上的白天，太阳发出的光照耀大地。

阳光带来的热量让海洋、河流、原野和田地里的水变为水蒸气，
气温的升高让空气中的水蒸气越来越多。

当气温降低，水蒸气会变成水滴浮在空中；若气温再降低，水蒸气就会变成冰晶浮在空中。
天空中悬浮的水滴和冰晶聚集到一起就形成云。

形成云的水滴和冰晶变多、变重的话，就不能浮在空中了，
而会变成雨、冰雹或雪，落到地面。

23

太阳的光和热让植物生长，

植物被动物吃掉，动物活了下来。

所以说，太阳的光和热非常重要。

可太阳若是让温度不断上升，动物和植物就都活不下去了。

好在有水。水在阳光的照射下变成水蒸气的时候，吸收了大量热量，
所以地球上才没那么热，生物才可以继续存活。
水就像一台超大型空调一样调节着地球的温度。

到了晚上，气温逐渐降低，据说有些地方气温会降到零下几℃。

好在，地球的大气层中有吸收了大量热量的水蒸气，
它们遇冷后变成冰晶，形成云，把地球包裹了起来。

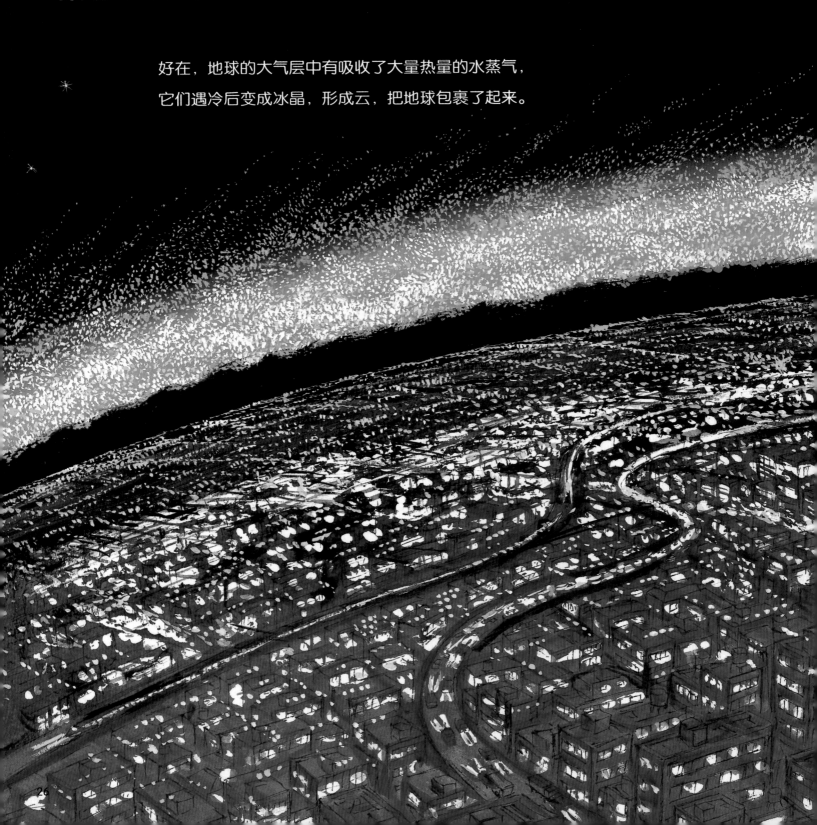

于是，地球像盖了一床温暖的棉被，到了晚上不会那么冷，

地球上的生物不会因为冰冻而死亡。

是不是很棒？

地球上的海洋、河流、湖泊里的水，像空调和棉被一样调节温度，

保护动物和植物的生命。

这是水的第三个重要特性。

水是怎样一种物质以及它的重要特性，到这里就讲完了。

第一个特性是像忍者和演员一样会变换模样，

可以变成水蒸气或冰。

第二个特性是在动物和植物体内大量存在，

像厨师和医生一样，可以让营养物质变得容易吸收，可以预防疾病。

第三个特性是大量存于海洋和河流中，像空调和棉被一样，

可以防止地球在白天因为太阳的热量而过热，以及防止生物在夜里因寒冷而冻僵。

大家已经知道了水有这么多作用，但我想说的还没有结束。

调查得越详细，我们就越发现水还有更多需要我们了解的地方，这些留给大家日后慢慢探究。

现在，还有一件非常重要的事要告诉大家，

那就是——

地球上的海洋和河流并不仅仅是鱼类等生物居住的地方，
还对地球上其他生物的生存起着非常重要的作用。

如果海洋和河流被垃圾和石油污染，就难以发挥重要的作用。

据研究，从大约 1 万年前起，地球上的许多生物濒临灭绝，

原因之一就是海洋受到了污染。

作为地球上的生物之一，我们人类应该保护海洋和河流不被污染。

我们知道了水的重要特性，就应该保护水，

为所有生物可以共同生存下去而努力。

加古综合研究所提供

加古里子

1926年生于日本福井县越前市，1948年毕业于东京大学工学部。工学博士，工程师。

在化学研究开发中心工作的同时，还参加社区活动和儿童文化活动。1959年开始参与出版工作，1973年退休后，在进行图书创作的同时，还担任过电视节目主持人、大学讲师等，并参与海外教育实践活动。还是儿童文化研究者。

主要作品有《地铁开工了》《你的家我的家》《加古里子的身体科学绘本》《加古里子科学绘本》等。

获得的奖项有：日本科学读物奖、菊池宽奖、日本化学会特别功劳奖、神奈川文化奖、日本保育学会文献奖、越前市文化功劳奖、东燃通用儿童文化奖、岩谷小波文艺奖等。

2013年春，位于福井县越前市的加古里子绘本馆建成。2017年夏，小达摩广场建成。

2018年5月2日去世。

铃木守

1952年生于日本东京，东京艺术大学工艺专业肄业。

作品"黑猫三五郎"系列获红鸟插画奖，《山居鸟日记》获讲谈社出版文化绘本奖，《园丁鸟的秘密》获产经儿童出版文化奖JR奖，《世界655种鸟巢大图鉴》获野村胡堂文化奖。

主要绘本作品有《通火车了》、"小巧手游戏绘本"系列、《海龟大冒险》和《新手妈妈育儿绘本》等。

另外，作为鸟巢研究者，作品有《世界鸟巢图鉴》《燕子的呼唤》《日本鸟巢图鉴全259》《候鸟回来了》等，并在日本全国举办鸟巢展览会。

Mizu towa Nanja?

Text copyright © 2018 by Satoshi Kako

Illustrations copyright © 2018 by Mamoru Suzuki

First published in Japan in 2018 by Komine Shoten Co., Ltd., Tokyo

Simplified Chinese translation rights arranged with Komine Shoten Co., Ltd.

through Japan Foreign-Rights Centre/Bardon-Chinese Media Agency.

Simplified Chinese copyright © 2020 by Beijing Science and Technology Publishing Co., Ltd.

著作权合同登记号 图字：01-2019-4587

图书在版编目（CIP）数据

水、我们、世界 /（日）加古里子著 ；（日）铃木守绘 ；刘洋译. —北京：北京科学技术出版社，2020.5（2022.5 重印）
ISBN 978-7-5714-0687-5

Ⅰ. ①水… Ⅱ. ①加… ②铃… ③刘… Ⅲ. ①水—儿童读物 Ⅳ. ① P33-49

中国版本图书馆 CIP 数据核字（2020）第 000703 号

策划编辑：刘珊珊	**电　话**：0086-10-66135495（总编室）	
责任编辑：代　艳	0086-10-66113227（发行部）	
封面设计：沈学成	**网　址**：www.bkydw.cn	
图文制作：沈学成	**印　刷**：北京捷迅佳彩印刷有限公司	
责任印制：张　良	**开　本**：787mm×960mm　1/12	
出 版 人：曾庆宇	**字　数**：40 千字	
出版发行：北京科学技术出版社	**印　张**：3.33	
社　　址：北京西直门南大街 16 号	**版　次**：2020 年 5 月第 1 版	
邮政编码：100035	**印　次**：2022 年 5 月第 4 次印刷	
ISBN 978-7-5714-0687-5		
定　价：48.00 元